V

Conserver cette
couverture

V

29343

Fr. al. 8958.

DESCRIPTION

ET USAGE

DU PLANISPHERE

CELESTE

Nouvellement conſtruit, ſuivant les dernieres obſervations de Meſſieurs de l'Academie Royale des Sciences.

Par N. BION, Ingenieur pour les Inſtrumens de Mathematiques.

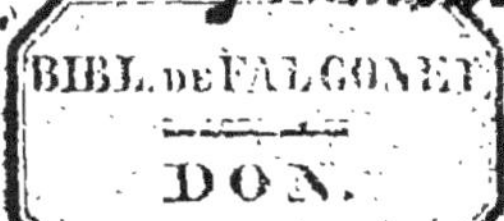

A PARIS,

Chez l'Auteur, ſur le Quay de l'Horloge du Palais, au Soleil d'Or, où l'on trouve des Planiſpheres tout montez.

AVEC PRIVILEGE DU ROY.

1708.

DESCRIPTION
& usage du Planis-phere Celeste.

CE Planisphere est composé de deux plaques, ou feüilles circulaires placées l'une sur l'autre, de sorte que l'inferieure déborde de la superieure. Elles sont unies l'une à l'autre par le centre qui represente le Pole boreal du Monde, autour duquel peut tourner la feüille superieure, qui porte les astres & les cercles mobiles de la Sphere : nous n'en donnons pas icy la construction, en ayant suffisamment parlé dans l'usage des Astrolabes. Nous y avons placé les astres du firmament, suivant la table de leurs ascensions droites, & déclinaisons de Monsieur de la Hire.

Le bord de l'inferieure est divisé en 360 degrez, & en 24 heures, qui se comptent de XII. en XII. & chaque heure est divisée en minutes de six en six.

Par les points opposez des XII. & XII. heures, & par le Pole passe un fil d'argent ou de cuivre, qui represente le Meridien où arrivent les Etoiles, lorsqu'elles sont à leur plus grande hauteur, ou à leur plus grand abaissement.

Au meridien est attaché un grand cercle qui represente notre Horizon, qui approche du Pole boreal plus d'un côté que de l'autre. Le point de ce cercle le plus proche du Pole boreal, est celuy du Nort ou du Septentrion ; & le plus éloigné est celuy du Sud ou du Midy, & lorsque le point du Midy est tourné vers nous, le demy cercle qui est à notre gauche est Lest ou l'Oriental, d'où les Etoiles se levent ; & celuy qui est à droite est Louest ou l'Occidental où elles se couchent. Les heures qui sont du côté d'Orient sont celles du matin , & celles qui sont du côté d'Occident sont celles du soir. Ainsi le point des XII. heures le plus proche de l'Horizon est le Midy , & le point des XII. heures opposées est minuit.

Cet ordre est different de celuy des Globes ; car lorsqu'on a le Septentrion devant les yeux, l'Orient est à droite , & l'Occident à gauche. La raison de cette difference est , que la projection ou peinture de ce Planisphere suppose l'œil au Pole antarctique du Monde , regardant l'Hemisphere superieur; c'est pourquoy mettant ce Planisphere au-dessus de sa tête , le Septentrion tourné vers le Septentrion du Ciel, on verra l'Orient du Planisphere convenir avec l'Orient du Ciel , & l'Occident avec l'Occident. Et les constellations dessinées sur le Planisphere auront les mêmes situations que celles du Ciel.

La plaque ou feüille superieure qui est placée entre l'inferieure & l'Horizon, contient toutes les con-stellations visibles dans notre climat, & dans tous les autres plus septentrionaux, c'est-à-dire toutes celles de l'hemisphere boreal, & celles qui sont jusqu'à 16. degrez de distance de l'Equinoctial dans l'he-misphere austral.

L'Ecliptique, qui est le cercle que le Soleil décrit par son mouvement annuel, y est décrite entre les deux tropiques, & divisée par les douze signes, & chaque signe est divisé en 30. degrez, & marqué par son caractere ♈. ♉. ♊, &c.

La circonference de la feüille mobile est divisée par les 12. signes du Zodiaque, par les mois & par les jours de l'année, pour montrer les degrez ausquels le Soleil se rap-porte tous les jours de l'année. Car ayant dressé le fil qui vient du cen-tre à une de ces divisions, qui mar-que tel jour qu'il vous plaira, le point où ce fil coupe l'Ecliptique est le lieu où le Soleil se trouve ce jour-là.

Et ayant appliqué la division de tel jour à telle heure & telle minute qu'il vous plaira, vous avez la constitution du Ciel à tel jour & à telle heure.

Alors les Etoiles comprises dans le cercle de l'horison sont celles qui sont sur la Terre, celles qui sont hors de ce cercle sont sous Terre, celles qui se rencontrent dans le demi-cercle oriental se levent, celles qui sont sous le Meridien, entre le Pole apparent & le point le plus éloigné de l'horison, sont à leur plus grande hauteur ; celles qui sont sous le Meridien, entre le Pole apparent & le point le plus proche, sont à leur plus grand abaissement, & celles qui se rencontrent alors dans le demi-cercle occidental se couchent. Le point du lever ou du coucher se doit prendre dans la circonference interieure de l'horison.

Les Etoiles qui ne sont pas plus

éloignées de notre Pole que le point le plus proche de l'horison, font celles qui ne fe couchent point, mais font toute leur revolution fur Terre, & celles qui font plus éloignées du Pole que le point le plus éloigné de l'Horifon ne fe levent point, mais font leur revolution fous Terre ; c'eft pourquoy elles ne font pas placées dans ce Planifphere, qui eft fait principalement pour notre climat.

On peut faire fervir ce Planifphere à toute autre élevation du Pole feptentrional, en changeant feulement fon horifon. Celuy des habitans de la Sphere droite feroit une ligne droite paralelle à celle qui paffe par le Pole & par les deux points équinoxiaux d'Aries & Libra, qui reprefente le colure des équinoxes. L'horifon des habitans de la Sphere paralelle feroit un cercle égal & paralelle à l'Equateur, même du Planifphere ; & les autres horifons pour toutes les differentes

poſitions de la Sphere oblique, ſont
des circonferences de cercles faciles
à tracer, parce qu'on en a 3 points;
ſçavoir, l'elevation du Pole ou ſa
diſtance de l'horiſon, qui ſe meſure
par les degrez inégaux marquez ſur
ledit colure des Equinoxes, & ſe
compte le long du Meridien, & les
deux points équinoxiaux d'Aries &
Libra; car tous les horiſons doivent
paſſer par les deux interſections de
l'Equateur & de l'Ecliptique.

USAGE I.

Pour trouver l'état du Ciel à tel jour
& à telle heure qu'on veut.

ON cherche dans la circonference mobile le mois & le jour
prepoſé, on la fait tourner enſuite
juſqu'à ce que ce jour ſe rencontre
vis-à-vis de l'heure & de la minute
propoſée, & on l'arrête en telle ſituation, qui eſt celle qu'on demande. On voit donc ainſi quelles Etoiles ſont ſur notre horiſon, quelles ſe

levent , quelles se couchent , &
quelles sont au milieu du Ciel à
l'instant proposé.

Si par exemple vous voulez connoître l'état du Ciel le 20. de Janvier à 8. heures du soir, tournez la
plaque superieure de maniere que
le 20. de Janvier corresponde à 8.
heures du soir ; ce qu'ayant fait, &
regardant vers la partie Septen-
trionale de l'horison , vous verrez
entr'autres lever Cauda Leonis ,
coucher Lucida Lyræ , que les Ara-
bes ont nommé Vega ; & au Meridien vous verrez les deux Etoiles du
quarré de la petite Ourse les plus
proches de la queuë. Vous y verrez
aussi oculus Tauri dans la partie
meridionale.

USAGE II.

Pour apprendre à connoître les Astres.

Mettez le Planisphere selon
la constitution du Ciel au
jour & à l'heure que vous voulez

obſerver, & en l'arrêtant en cette ſituation, tournez-vous vers les ſept Etoiles de la grande Ourſe qui ſont toujours ſur notre horiſon, & qui ſont connuës de tout le monde par la figure qu'elles forment d'un cha‑riot, & mettez devant vous le Pla‑niſphere, en ſorte que la ſituation de la grande Ourſe du Planiſphere à votre égard, imite celle du Ciel. Vous comparerez enſuite dans le Planiſphere les Etoiles de la grande Ourſe à celles qui luy ſont à l'en‑tour, & vous obſerverez celles qui dans le Ciel ont aux mêmes Etoiles une ſituation ſemblable. Vous ver‑rez, par exemple, dans le Planiſphe‑re, que l'étoile polaire eſt à peu prés dans une ligne droite tirée par les deux precedentes dans le quarré de la grande Ourſe. Tirez donc par l'imagination une ligne droite par les deux Etoiles du quarré de la grande Ourſe que vous verrez dans le Ciel, & vous trouverez l'Etoile polaire. De la même maniere vous

A vj

trouverez les autres Etoiles qui vous font inconnuës, par le moyen de la fituation qu'elles ont à l'égard des Etoiles connuës, conferant les Etoiles du Planifphere à celles du Ciel.

Ainfi vous pourrez facilement connoître dans le Ciel les Etoiles que nous avons nommées dans l'exemple de l'ufage précedent, & particulierement celles de la premiere grandeur, parce qu'elles brillent davantage.

USAGE III.

Pour fçavoir à quelle heure & à quelle minute une certaine Etoile fe leve ou fe couche, ou fe trouve au milieu du Ciel à un jour propofé.

IL faut tourner la circonference mobile jufqu'à ce que l'Etoile propofée tombe fous l'horifon orien-tal ou occidental, ou fous le Meri-dien, & on trouvera dans le bord immobile du Planifphere l'heure qu'on demande vis-à-vis du jour propofé, cherché dans la circonfe-rence mobile.

On demande par exemple le 5.
de Decembre à quelle heure se leve
Sirius. Placez cette Etoile sous l'horison dans la partie Orientale , &
portez la soie sur le 5. de Decembre, vous connoîtrez que Sirius se
leve à neuf heures du soir.

USAGE IV.

Pour trouver l'heure du lever & du
coucher du Soleil, à tel jour de
l'année qu'on veut.

ON prend le fil qui est attaché
au centre du Planisphere, &
on le porte au jour proposé dans la
circonference mobile ; ce fil étant
bien tendu coupera l'Ecliptique
dans l'endroit où le Soleil se trouve
ce jour-là , & mettant ce point de
l'intersection à l'horison oriental ou
occidental, on trouvera l'heure du
lever ou du coucher du Soleil vis-à-
vis du jour proposé dans le bord
exterieur du Planisphere. Par le
temps du lever & du coucher du

Soleil on trouvera la grandeur du jour & de la nuit en tout le temps de l'année.

USAGE V.

Pour trouver le jour que le Soleil passe par le Meridien avec une Etoile fixe.

ON n'a qu'à faire passer le fil qui vient du centre par l'Etoile fixe proposée, & le jour qui sera marqué par le fil dans la circonference des mois de l'année de la feüille superieure sera celui qu'on cherche.

USAGE VI.

Pour trouver le jour auquel une Etoile fixe se leve ou se couche avec le Soleil.

IL faut tourner la feüille mobile jusqu'à ce que l'Etoile proposée arrive à l'horison oriental ou occidental, & observer le point où l'Ecliptique est coupée par le même demi-cercle de l'horison, & par ce point faire passer le fil qui part du centre , lequel marquera dans la circonference mobile des mois le jour qu'on cherche.

USAGE VII.

Pour trouver le jour auquel une Etoile se leve lorfque le Soleil fe couche.

IL faut tourner la feüille mobile jufqu'à ce que l'Etoile arrive à l'horifon oriental , & obferver le point où l'horifon occidental coupe l'Ecliptique. Le fil paffant par ce point montrera dans la circonference des mois le jour qu'on demande.

USAGE VIII.

Pour trouver le jour auquel une Etoile se couche lorfque le Soleil fe leve.

ON mettra l'Etoile à l'horifon occidental , & on obfervera le point où l'Ecliptique eft coupée par l'horifon oriental , & on achevera cette operation comme la précedente.

USAGE IX.

Pour trouver le jour qu'une Etoile se leve ou se couche, sur le midy ou sur la minuit.

Mettez l'Etoile à l'horison oriental si c'est pour son lever, ou à l'occident si c'est pour son coucher, & voyez quel jour se rencontre alors au Meridien de midy ou de minuit, & c'est celuy qu'on cherche.

USAGE X.

Pour trouver la difference du temps entre le lever d'une Etoile & de l'autre.

Observez le jour qui se trouve au Meridien lorsque l'Etoile precedente est à l'horison, & ayant fait tourner la circonference mobile jusqu'à ce que l'Etoile suivante y arrive, le jour observé marquera le temps écoulé entre le passage de l'une & de l'autre.

Par la même methode on trouvera la difference entre le coucher d'une Etoile & de l'autre, entre les paſſages de deux Etoiles par le Meridien, & entre le lever de l'une, & le coucher d'une autre ; & par conſequent les Aſtrologues pourront faire facilement les directions de l'aſcendant & du milieu du Ciel, qui ne conſiſtent que dans l'intervalle de temps qu'une Etoile arrive à un de ces cercles aprés un principe déterminé.

USAGE XI.

Pour connoiſtre dans le Ciel le Pole boreal.

Voyez dans le Planiſphere la configuration que le Pole fait avec les deux dernieres Etoiles de la queuë de la petite Ourſe, qui eſt un triangle ſcalene dont le plus grand côté eſt la diſtance de ces deux Etoiles ; le plus petit eſt la diſtance de l'Etoile polaire au Pole ;

cherchez dans le Ciel un point ima-
ginaire qui faſſe une configuration
ſemblable avec ces deux Etoiles, &
ce point-là eſt le Pole boreal, lequel dans la preſente année 1708.
n'eſt éloigné de l'Etoile polaire
que de 2 ^{d} 16.' c'eſt pourquoi cette
Etoile qui fait autour du Pole ſa
revolution en 24. heures, s'en éloi-
gne de 2 ^{d} - 16' dans ſes plus gran-
des digreſſions, vers l'Orient ou
vers l'Occident ; & quand elle arrive au Meridien, elle ſe trouve
quelquefois plus élevée ſur l'horiſon
que le Pole, & d'autrefois plus baſ-
ſe de la même quantité. Ce que
nous diſons icy pour l'année 1708. ſe
peut entendre à pluſieurs années de
ſuite, puiſque la déclinaiſon de l'E-
toile polaire en l'eſpace de 10. années n'augmentera que d'environ 3.
minutes, ce qui la rendra d'autant
plus proche du Pole. Cette Etoile
eſt facile à reconnoître dans le Ciel,
parce qu'elle fait preſque une ligne
droite avec les deux premieres du

quarré de la grande Ourſe.

USAGE XII.

Pour connoiſtre l'heure pendant la nuit.

TOurnez-vous vers le Pole boreal, & ayant à la main un fil
auquel ſoit attaché un poids, éloi-
gnez-le de vous, de ſorte qu'il vous
couvre le Pole, qui vous ſera connu
par la pratique précedente,& voyez
quelles Etoiles ſe rencontrent dans
ce fil au-deſſous du Pole ; cherchez
ces mêmes Etoiles dans le Planiſphere, & tournez la feüille ſupe-
rieure, de ſorte que ces Etoiles ſe
rencontrent dans la meridienne,
comme dans le Ciel, & le jour du
mois, cherché dans la circonference mobile du Planiſphere, vous
montrera vis-à-vis dans le cercle exterieur l'heure & la minute qu'il eſt
à cet inſtant. Si l'on attache le fil à
une muraille ou à une fenêtre, l'ob-
ſervation ſera plus exacte. On peut
auſſi par cette methode tracer la

meridienne fur la Terre , en mar-
quant les points que ce fil couvre à
l'œil fur la Terre , en même temps
qu'on le voit paffer fur le Pole. Cette meridienne fe tracera plus exac-
tement & plus facilement , fi l'on
fait cette operation dans le temps
que l'Etoile polaire ou quelqu'autre paffe par le Meridien , audeffus
ou au deffous du Pole. Ce temps
fe pourra connoître par le Planifphere.

USAGE XIII.

Pour connoiftre quelles Etoiles ont même
afcenfion droite.

TEndez la foie qui part du centre fur une Etoile connuë , &
voyez en même temps fi quelqu'autre fe trouve cachée fous ladite foie
entre le Zenith & l'Horifon ; car
toutes celles qui fe trouveront dans
cette fituation auront même afcenfion droite , comme font par exemple les deux premieres du quarré de

la grande Ourſe. Si vous obſervez deux Etoiles qui ont même aſcenſion droite, lorſqu'elles paſſent vis-à-vis un fil tendu à plomb, c'eſt une marque qu'elles ſeront toutes deux dans le Meridien, & par ce moyen vous pourrez tracer ſur terre une ligne meridienne comme par l'uſage précedent : vous connoîtrez l'heure de leur paſſage par le meridien par l'uſage troiſiéme.

USAGE XIV.

Pour prendre les hauteurs apparentes du Soleil & des Aſtres.

Ttachez un plomb au fil qui vient du centre, & mettez deux aiguilles aux points oppoſez de 90 & 270 degrez dans le bord exterieur du Planiſphere, pour ſervir de pinnules : & pour prendre la hauteur du Soleil tournez le Planiſphere de ſorte que l'aiguille qui eſt au point de 270. faſſe ombre ſur celle qui eſt au point de 90, & le fil vous marquera les degrez de la hauteur du Soleil dans la circonference exterieure selon les nombres qui y sont marquez de 5. en 5.

Pour avoir la hauteur des Etoiles, de la Lune ou de quelqu'autre Planette, regardez l'astre par les deux pinnules; approchant de l'œil celle qui est au point de 90, & le fil vous montrera la hauteur de l'astre.

Le complement de la hauteur à 90 degrez est la distance au Zenith.

USAGE XV.

Trouver l'heure du jour & de la nuit par les hauteurs du Soleil & des Astres.

D Ans le diametre qui passe par le point d'Aries, qui represente le colure des Equinoxes divisé par degrez inégaux, suivant la methode expliquée dans notre traité des Astrolabes, page 37. & sui-

vantes , cherchez le point où se ter-
mine la hauteur du Pole , qui est à
Paris de 49. degrez , & comptez
depuis ce point de côté & d'autre
les degrez de la distance au Zenith
observée par la pratique precedente , observant les deux termes de la
numeration ; divisez avec un compas la distance de ces deux termes
en deux parties égales , & le point
de la division mené au fil d'argent ,
qui marque le meridien , vous marquera le centre du cercle paralelle
à l'horison où l'astre se trouve à tel
instant ; mettez une pointe du compas au centre trouvé sur le fil d'argent , & tournez en même temps
l'autre jambe du compas , & la
feüille mobile du côté d'Orient ou
d'Occident , selon que le Soleil ou
l'astre est dans la partie mobile o-
rientale ou occidentale , jusqu'à ce
que la pointe du compas trouve l'E-
toile , ou le point du Zodiaque où
le Soleil se trouve alors , le jour du
mois courant, cherché dans la feüil-

le mobile, vous montrera vis-à-vis l'heure & la minute dans la circonférence immobile. Cette methode est universelle pour tous les climats, & pour toutes les hauteurs des Etoiles ausquelles ce Planisphere se peut étendre.

On trouve chez le sieur Bion, sur le Quay de l'Horloge du Palais, des Globes celestes & terrestres de differentes grosseurs, tout nouvellement dressez sur les nouvelles observations des longitudes faites en divers lieux de la terre, par les methodes de Messieurs de l'Academie Royale des Sciences, & suivant les Memoires des plus habiles Astronomes, Geographes & voyageurs de ce tems, comme aussi des Spheres autant exactes qu'on les puisse faire construire, selon les systêmes de Ptolomée & de Copernic, dont la troisiéme Edition de son Livre de leurs usages paroîtra dans peu de tems.

On y trouve aussi toutes sortes d'instrumens de Mathematiques faits avec toute la perfection possible.

FIN.